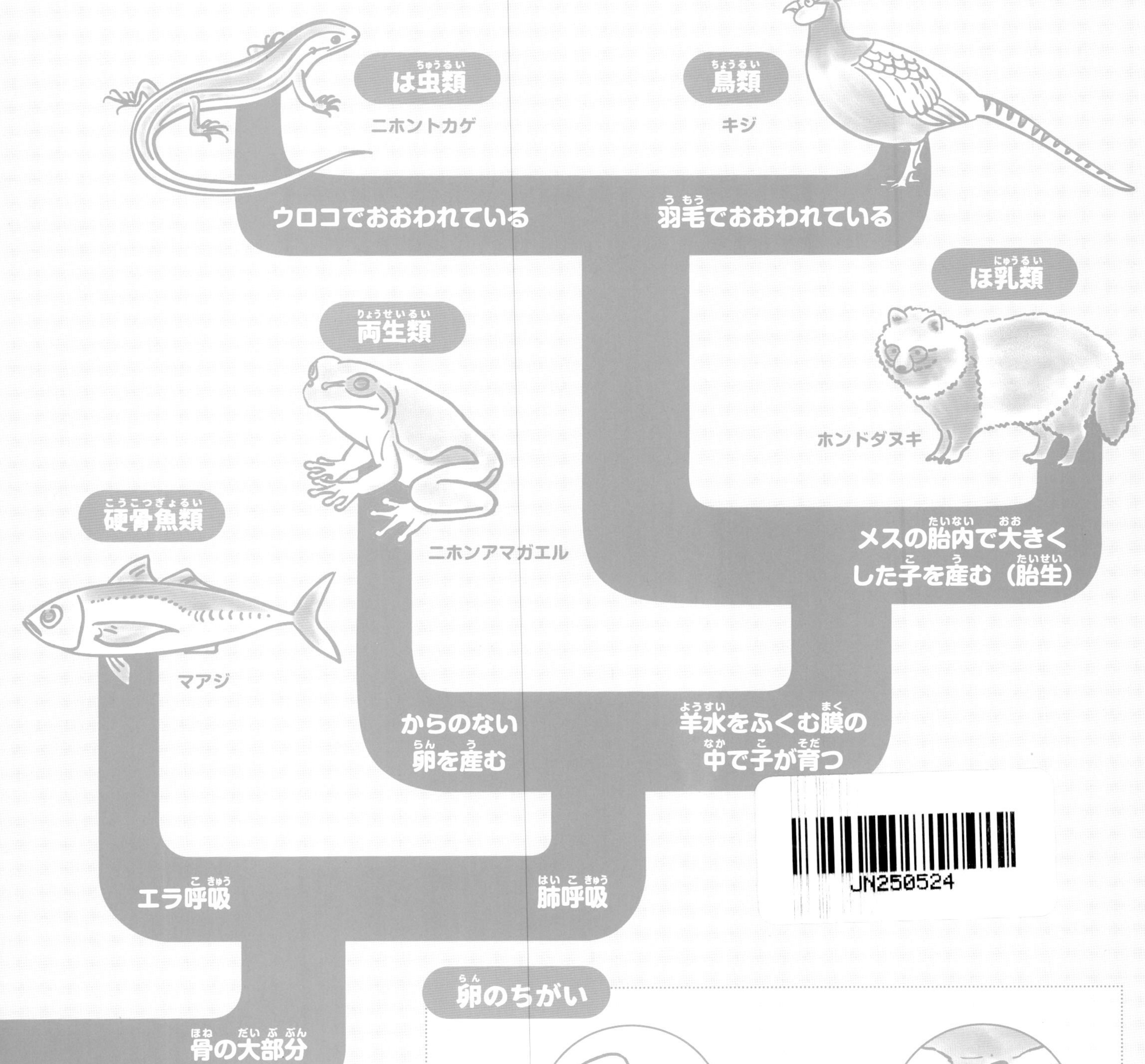

卵のちがい

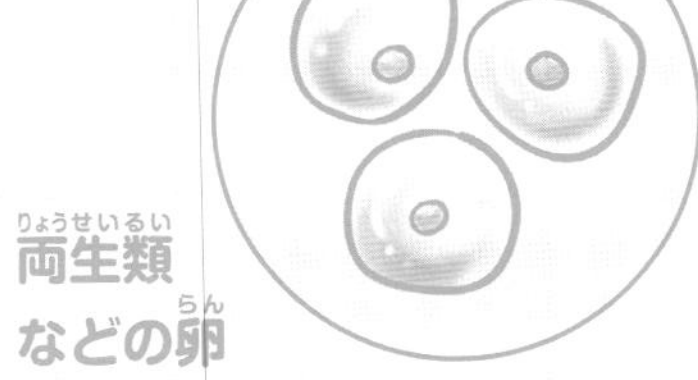

両生類などの卵

からがなく、ゼラチン質でおおわれており、乾燥に弱いため、卵は水中に産みつけられる。子は水中でエラ呼吸をする

は虫類・鳥類などの卵

かたいからと、羊水をふくむ羊膜におおわれており、乾燥に強いため、卵は陸上に産むことができる。子は陸上での肺呼吸ができるようになるまで、卵の中で育つ

びっくり！ おどろき！

動物まるごと大図鑑

3 動物のふしぎな行動

中田 兼介 著

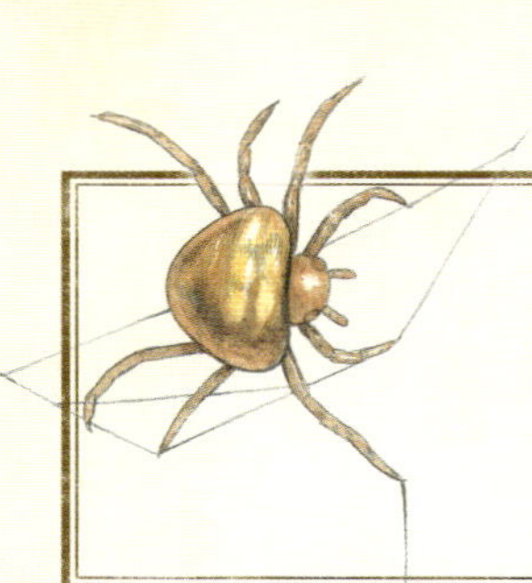

はじめに

ふしぎな行動の目的

動物の行動には、エサを食べる、フンをする、身を守る、危険からにげる、異性をさそう、子を産み育てる、仲間と争う、巣をつくる、遊ぶなど、さまざまな種類があります。このなかには、本能*によって、だれに教わることなくおこなえるものがあります。一方、ほかの個体*の行動をまねたり、自分が過去におこなったことから学習したりして、できるようになる行動もあります。

このような行動は、それぞれの種類の動物のおかれた環境に合わせて進化してきたと考えられています。環境に合わせてうまく行動できた動物は、そうでない動物より、たくさんの子を残すことができ、その行動は子にも伝わります。そうして、うまく行動できる動物が地球で増えていくのです。

結果として、現在地球上にくらす動物の行動は、食べる、身を守る、子を残すなどの目的を果たすことに役立つものになりました。そのなかには、「かしこい」といいたくなるような行動もあれば、私たちヒトから見るとぎょっとする、ときには残酷にも思えるような行動もあります。

行動のための環境を守る

動物の行動は、生きている証です。そして、その行動がなんのためにおこなわれているのかは、動物がくらし、進化してきた環境のなかで観察することで、はじめて知ることができるのです。

自然環境を守り残すことは、動物たちがありのままに行動して、その能力を十分に発揮するためにも、また私たちヒトが、動物のことをより深く知るためにも、とても重要なのです。

*本能：行動を引きおこす性質のなかで、ほかの動物や経験から学習するのではなく、もとから動物に組みこまれているもの

*個体：１匹の動物のこと

ヒトが原因となり絶滅した動物たち

ドードー

インド洋の西にあるモーリシャス島に生息していたハトの仲間の飛べない鳥。大航海時代*にやってきたヒトの食料として大量につかまえられ、住み場所もこわされた。また入植者が連れてきたブタ・ネコなどの動物に食べられ、1681年に絶滅した

リョコウバト

北アメリカ大陸中部から東部にかけて生息していたハトの仲間。地球上でもっとも数の多い鳥といわれていたが、繁殖*能力が低く、ヒトの狩りによって一度数が減ると急速に絶滅に向かい、1914年に最後の個体が死亡した

ゴクラクインコ

オーストラリア東岸に生息していたオウムの仲間。その美しさから鑑賞のためにとらえられ、またヒトが連れてきたヒツジなどが草を大量に食べ、エサである植物の種が減ったことが絶滅に関係しているといわれている。1927年以降すがたを見られていない

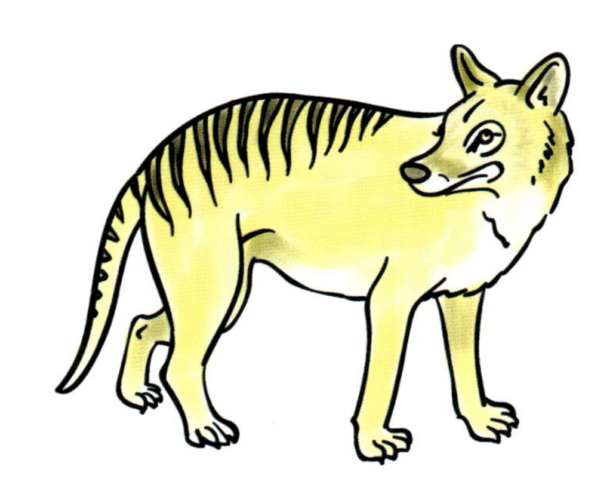

フクロオオカミ

オーストラリアのタスマニア島に生息していた、肉食の有袋類*。ヒツジなどの家畜をおそうために追いはらわれ、またヨーロッパ人が連れてきたイヌとのなわばり争いに負けるなどして、1936年に絶滅した

*大航海時代：15世紀中ごろから17世紀中ごろ。ヨーロッパ人がアフリカ・アジア・アメリカ大陸に大規模な航海をおこなった
*繁殖：生き物が子をつくり産み育てて数を増やすこと
*有袋類：おなかについた袋で子どもを育てるほ乳類の種類

3 動物のふしぎな行動

もくじ

この本の見方

この本は、動物のふしぎな行動について紹介・解説しています。第1章では「食べる」をテーマに、動物がエサをとるためのくふうを、第2章では「身を守る」をテーマに、動物がエサとして食べられないためのくふうを、第3章では「子を残す」をテーマに、動物が子をたくさん残すためのくふうを紹介・解説しています。

それぞれの章のはじめには、章のテーマをおりこんだ楽しいイラストを描いています。

わかりやすく見てもらうために、生き物たちの大きさは、実際の比率とは変えています。

それぞれの項目には、動物のふしぎな行動の例をイラストで紹介しています。

第1章 食べる

エサをとるためのくふう

動物たちは、さまざまなくふうをして、生きるためのエネルギーを手に入れます。

シマヘビ（探索型）

ネズミやトカゲ、小鳥などを食べる。夜に、カエルなどを待ちぶせして食べることもある

ハタネズミ

植物を食べ、チョウゲンボウなどのエサになる

動きまわる、待ちぶせる

自分で栄養をつくることができない動物は、食べなくては生きていけません。食べるためにはエサに出合う必要があります。そのための肉食動物の行動は、大きく2つに分けられます。

1つは、自分が動きまわってエサを探す方法です。これを「探索型」といい、長いあいだ動きつづけることができ、遠くのエサを発見する能力をもつ動物がおこないます。

もう1つは、自分はじっと同じ場所にとどまって、エサが近づいてくるのを待つ方法です。このような「待ちぶせ型」でエサをとる動物は、動きまわる動物よりもエネルギーを使わなくて

チョウゲンボウ（探索型）

空からネズミなどのエサを探す猛禽類*は、ヒトと比べて、数倍小さなものを見ることができる

マムシ（待ちぶせ型）

強い毒をもつ。夜行性*で、昼間は休んでいる

ハンミョウの幼虫（待ちぶせ型）

頭の大きさにぴったりの穴をほって待ちぶせ、近くをアリなどが通るとおそいかかる

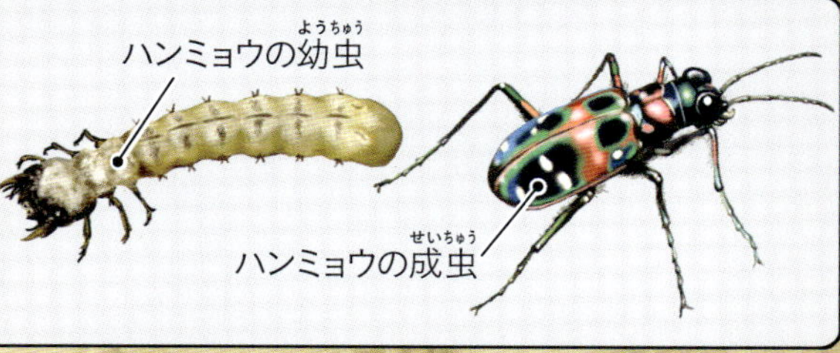

オサムシ（探索型）

地面を歩きまわって、ミミズや小さな昆虫などのエサを探す

すみます。そして、待ちぶせ型の動物には、エサをおびきよせる手段をもつものもいます。

うまくエサと出合うことができても、相手も生き物ですから、そう簡単には食べられてはくれません。植物ですら、葉に毒をためたり、トゲを生やしたりして身を守ります。ましてや相手が動物の場合は、にげたりかくれたり、ときには反撃したりしてきます。これを上まわる能力や手段をもっているかどうかが、エサにありつけるかどうかの分かれ目なのです。第1章では、動物たちの、エサのとり方や食べ方のくふうを見ていきましょう。

*猛禽類：ワシ、タカ、フクロウなど、するどいツメやくちばしをもつ、肉食で体が大きい鳥のグループ

*夜行性：おもに夜間に行動し、昼間に休む性質のこと

節約して食べる

自分が使うエネルギーをなるべく節約しながら
多くのエサを手に入れられるように行動することが大事です。

ほかの動物のエサ探しを利用する

トビイロホオヒゲコウモリ
仲間のコウモリがエサを探すときに発する音を聞いて、自分のエサ探しの助けにする

カモメ
仲間からエサをうばうことで、エサ探しのエネルギーを節約する。このような行動を「盗み寄生」という

エネルギーを節約する

動物がエサを食べる目的の1つは、活動のためのエネルギーを手に入れることです。しかし、エサを探して動きまわる動物は、それだけでエネルギーを使ってしまいます。たくさんエサを食べることができたとしても、エサを探すのに大量のエネルギーを使ってしまっては意味がありません。

このため、探索型の動物には、なるべく体を動かさずにエサを探したり、ほかの生き物のエサ探しを利用したりして、自分が使うエネルギーを節約するものが知られています。

なるべく体を動かさずにエサを探す

ペンギン

羽ばたいて海にもぐりエサをとるが、海面が近づいてくると羽ばたきを止め、浮力*にまかせてエネルギーを節約する

食べるエサを選ぶ

ミヤコドリ

ムラサキイガイなどの二枚貝を食べるが、割ったりこじ開けたりするのに時間のかかる大きな貝は食べようとしない

ホシムクドリ

同じエサ場で探しつづけるとエサがつかまえにくくなるので、巣から近いエサ場ではすぐにエサ探しをやめる。一方、遠いエサ場では、移動にかかる時間に見合うよう、長い時間をかけてエサを探す

食べ方を調整する

エサ探しには時間もかかります。巣とエサ場がはなれている場合は、移動するための時間が必要です。また、たとえば貝をエサにするには貝がらを割る必要があるなど、食べる準備に時間がかかることもあります。大きなエサを見つけることができれば、たくさんのエネルギーが手に入るかもしれません。しかし、そのために時間がかかるくらいなら、小さくても短い時間で手に入れられるエサを選んだ方が、得になる場合もあります。実際、多くの動物で、効率的に活動のためのエネルギーを手に入れられるよう、エサの食べ方を調整している例が知られています。

*浮力：水の中でものに対して重力とは逆方向にはたらく力

だまして食べる

身を守るためでなく、
エサをつかまえるために擬態する動物もいます。

見た目でエサをだます

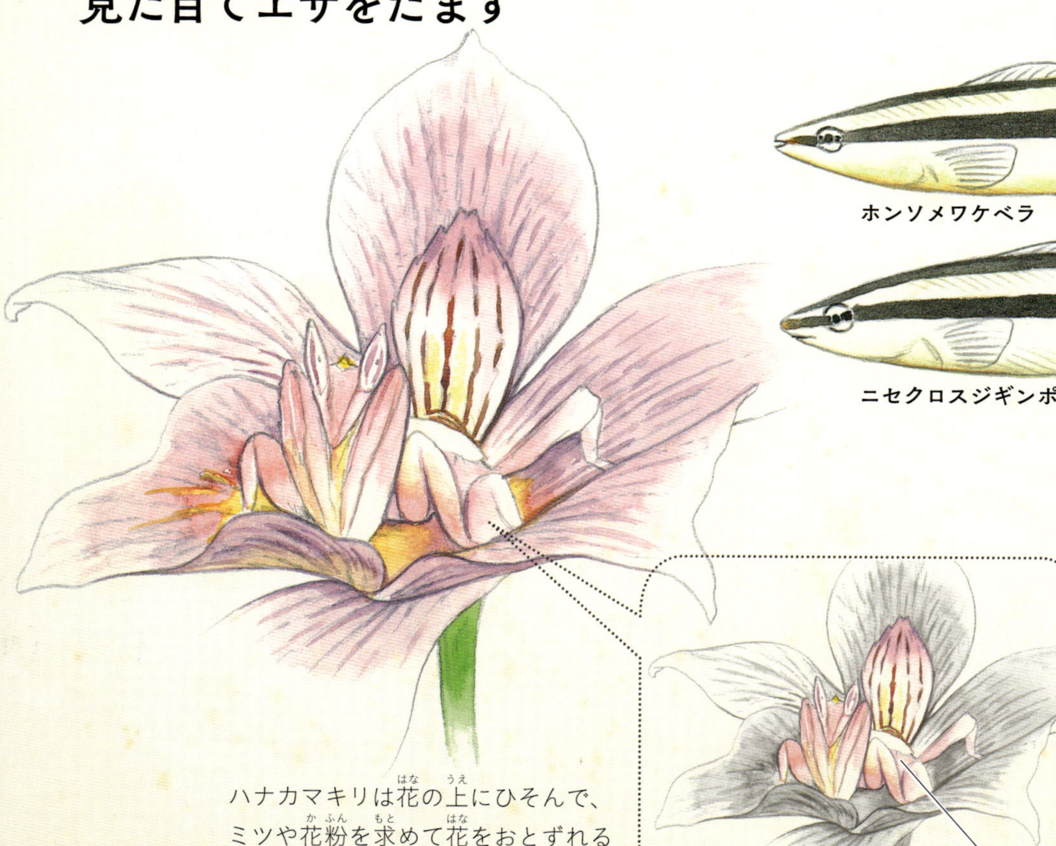

ハナカマキリは花の上にひそんで、ミツや花粉を求めて花をおとずれる昆虫をエサにする

ホンソメワケベラ

ニセクロスジギンポ

ニセクロスジギンポはほかの魚の寄生虫を食べる「そうじ魚」のホンソメワケベラに擬態して、魚に近づき、皮ふやウロコをかじり取る

エサをだましてつかまえる

待ちぶせしてエサをつかまえる動物にとって、エサにそのすがたを見やぶられないようにすることが大事です。エサが自分に近づいてくればくるほど、つかまえやすくなるからです。このため、待ちぶせ型の動物には、エサが自分のすがたに気がつかないように、擬態*するものが見られます。このような、エサをつかまえるための擬態を「攻撃擬態」と呼びます。

攻撃擬態では、身を守るための擬態とちがって、ただかくれるだけではなく、積極的にエサをおびきよせる場合も見られます。ワニガメの舌のように、エサのエサに擬態するのが、その一例です。

* 擬態：動物がほかの何かに自分のすがた・かたちを似せること

ナゲナワグモはアミを張らず、先にネバネバした玉をつけた１本の糸をふりまわす。フェロモン*を出してガのオスをおびきよせ、その「投げなわ」でつかまえる

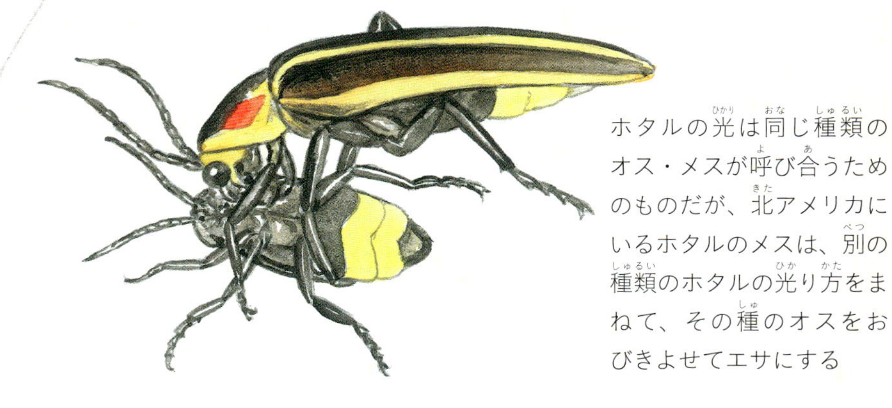

ホタルの光は同じ種類のオス・メスが呼び合うためのものだが、北アメリカにいるホタルのメスは、別の種類のホタルの光り方をまねて、その種のオスをおびきよせてエサにする

エサをおびきよせる

ワニガメは水底で口を大きく開けて、赤い舌をミミズのように動かし、エサとまちがえて近づいてきた魚を食べる

オーストラリアに生息するサシガメ（カメムシの仲間）の一種は、クモのアミに侵入して糸をはじき、アミにエサがかかったと思って近づいてきたクモを食べる

エサの行動のまねをする

攻撃擬態には、繁殖のためにオス・メスが呼び合うところを利用する例も見られます。エサとなる動物が、異性だと思って近づいていくと、食べられてしまうわけです。

エサが夜行性の動物の場合、オス・メスはにおいを使って呼び合い、見た目は使われない場合があります。このようなエサをねらうときは、その方法だけをまねて、攻撃擬態もおこなわれます。見た目はまったく似ていなくても、行動をまねすれば、エサとなる動物をおびきよせるには十分なのです。

*フェロモン：動物が情報を伝えるために体の外にはなつ、においなどの化学物質

道具を使って食べる

より多くのエサを食べることができるよう、
道具を使ってくふうする動物がいます。

カイメンを使うハンドウイルカ

オーストラリアのシャーク湾に住むハンドウイルカは、ケガをしないよう、カイメン*を口につけて海底のエサをあさる

アミを使うメダマグモ

小さなアミを脚で持ってぶら下がり、エサが下を通ると、アミを投げつける

葉を使うチンパンジー

葉をスポンジのように水にひたし、しみこんだ水を飲む

道具を使う動物たち

動物のなかには、自分のまわりにあるものを、道具としてあやつることができるものがいます。

私たちヒトに近い、チンパンジーやゴリラのような類人猿が道具を使うことは、特にふしぎなこととは思わないかもしれません。

ところが、道具を使うことができるのは、知能の高い動物だけではないようです。たとえば、ビーバーは木を切りたおしてダムをつくり、クモは自分の体から出した糸でアミをつくります。これらの行動は、本能によっておこなわれていると考えられています。

*カイメン：ツボのようなかたちをした、体のつくりが簡単な動物。やわらかいスポンジ状の種類が多い

木の枝を使うニューカレドニアガラス

木の枝などを曲げて、木の穴の中にひそむ虫を引きずり出して食べるための道具をつくる

石を使うラッコ

貝を割るなどのために石を使う

自動車を使うハシボソガラス

ハシボソガラスのなかには、かたいクルミを道路に置いて、自動車にひかせることで割って食べる個体がいる

エサをとるための道具

エサをとることは、動物が道具を使うおもな目的の1つです。知能によるものにせよ、本能によるものにせよ、動物は道具を使うことによって、その動物自身の力では食べることのできないエサを食べられるようになったり、より多くのエサを食べられるようになったりしています。たとえばラッコは、石を道具として使うことで、かたい貝がらを割って貝を食べることができます。

ほかにも、最近はいろいろな動物で、道具を使う例が知られるようになってきました。

仲間を食べる

「共食い」は、残酷に見えますが、
動物にとって意味のある行動です。

オス

メス

オオカマキリ

オスは食べられながらも交尾*をつづけ、精子（→p.26）をメスに送りこむ

エゾサンショウウオの幼生*

体の大きな個体が、小さな個体を食べてしまう

セアカゴケグモ

クモはメスがオスより大きいことが多い。セアカゴケグモのオスは、交尾中にメスが食べやすいように、自分から体をメスの口の前にもっていく

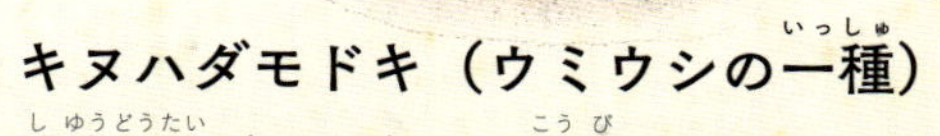

キヌハダモドキ（ウミウシの一種）

雌雄同体（→p.32）で、交尾のときに、おたがいに相手を食べようとする

オス・メスの共食い

動物にとって、同じ種類の個体をエサにする「共食い」は、異常な行動ではありません。同じ種類の集団に、大きさのちがう個体が入りまじっている場合、体の大きな個体が小さな個体を食べることは、しばしば見られます。

クモやカマキリは、交尾のときにメスがオスを食べることが知られています。交尾の前におこる共食いは、気に入らないオスをメスが食べていると考えられます。一方、交尾のあとにおこる共食いは、オスが食べられることで、栄養状態のよいメスにより多くの自分の子を産んでもらえるようになるため、オス・メス両方にとって役に立つ行動かもしれません。

*交尾：繁殖のときに、オスがメスに精子をわたすために腹部をあわせること

*幼生：親とちがったかたちやくらし方をしている子。昆虫では特に「幼虫」と呼ぶ

子育てとしての共食い

ヨーロッパに住むイワガネグモの一種は、メスが口からはきもどした液体で最初の子育てをしたあと、自分の体をエサとして子に食べさせる

オオスジイシモチ

オスが口の中で卵※を育てるオオスジイシモチは、栄養状態が悪いときや、すぐにほかのメスを見つけられるときは、卵を食べてしまう

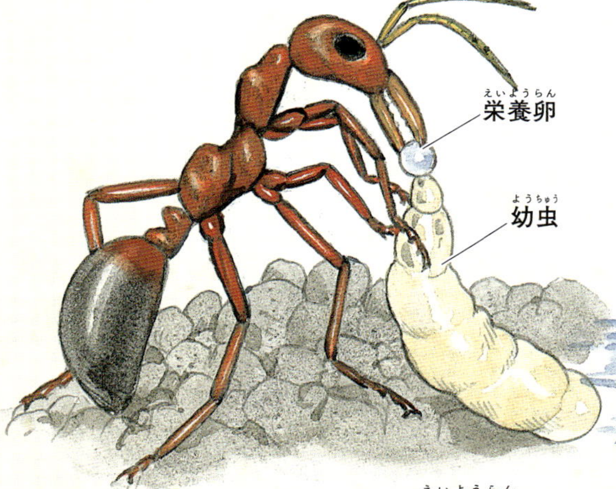

ブルドッグアリの栄養卵

アリでは、幼虫に食べさせるための専用の卵（栄養卵）が見られる。栄養卵は、ふ化*して幼虫になることはない

ほ乳類の共食い

草食のカバが仲間の死体を食べているところが、2014年に目撃された

親子の共食い

共食いは親子の間でもおこります。親が子に食べられる場合と、親が子を食べる場合があります。

親が子に食べられるのは、子に栄養をあたえて、少しでもたくさんの子が生き残るようにするためだと考えられています。これは、一種の子育てのようなものなのです。

親が子を食べるのは、親がエサを食べられなくなったり、子の成長が悪くなったりして子育てができない場合に、繁殖をやりなおすためにおこなわれると考えられています。

残酷なようにも思えますが、動物にとって共食いは、意味のある行動なのです。

*ふ化：卵から子がかえること

※大型でからをもつ「卵」は「たまご」と読むことが多いが、それ以外の「卵」もまとめてあつかう本書では、すべてを「らん」と表記します。

第2章
身を守る

それぞれの身の守り方

動物たちは、天敵*に食べられないよう、
さまざまな方法で身を守っています。

クロヒカゲ
ハネの目玉もようで
天敵から身を守る

シャチホコガの幼虫
ハチに向けていかくの
ポーズを取る

スズメバチ
ニホンミツバチ
やシャチホコガ
の天敵

食べられにくくする、にげる、戦う

動物が身を守る方法の1つは、体をかたいこうらでおおったり、トゲを生やしたりして、天敵に食べられにくくすることです。しかしこの方法には、自分が自由に動けなくなるという欠点があります。また天敵が、防御をやぶる方法を身につけてしまったらひとたまりもありません。

行動によって身を守る方法もあります。にげ足を速くするのがその1つです。また、群れをつくってくらす動物では、仲間で協力して天敵と戦うこともあります。

ただし、正面から天敵と戦うことが、いつもよい方法だとは限りません。戦いになると、自

* 天敵：ある生物をエサにするなどして死にいたらしめる動物のこと

ニホンミツバチの巣の入口
木の内部がくさるなどして自然にできた空洞に巣をつくる
ニホンミツバチのいかく
スズメバチが接近してくると、ニホンミツバチは集団でハネをふるわせて、いかくする
ニホンミツバチの蜂球
ニホンミツバチは集団でスズメバチを取り囲み、ハネをふるわせ発熱する。スズメバチはニホンミツバチよりも高温に弱く、動けなくなる
ニホンミツバチの針
ニホンミツバチは腹部の先に針をもち、敵が来ると攻撃する
返しがついている

分が傷つくことになるかもしれないからです。一番よいのは、戦わずに身を守ることでしょう。これは、同じ種類の動物どうしがケンカをさけようとすることと似ています。

　動物は戦う以外の方法として、だましたり、おどしたり、ときにはほかの動物を利用したりして、自分の身を守ります。とくに、食べられるがわの動物は、食べるがわの動物よりも体が小さいことが多いので、力比べではかないません。そのため、身を守るうまい行動を身につける必要があります。第２章では、動物たちの身を守るためのくふうを見ていきましょう。

死んだふり 傷ついたふり

天敵からにげるのではなく、
死んだふりをしたり、傷ついたふりをしたりする動物がいます。

死んだふりをする動物たち

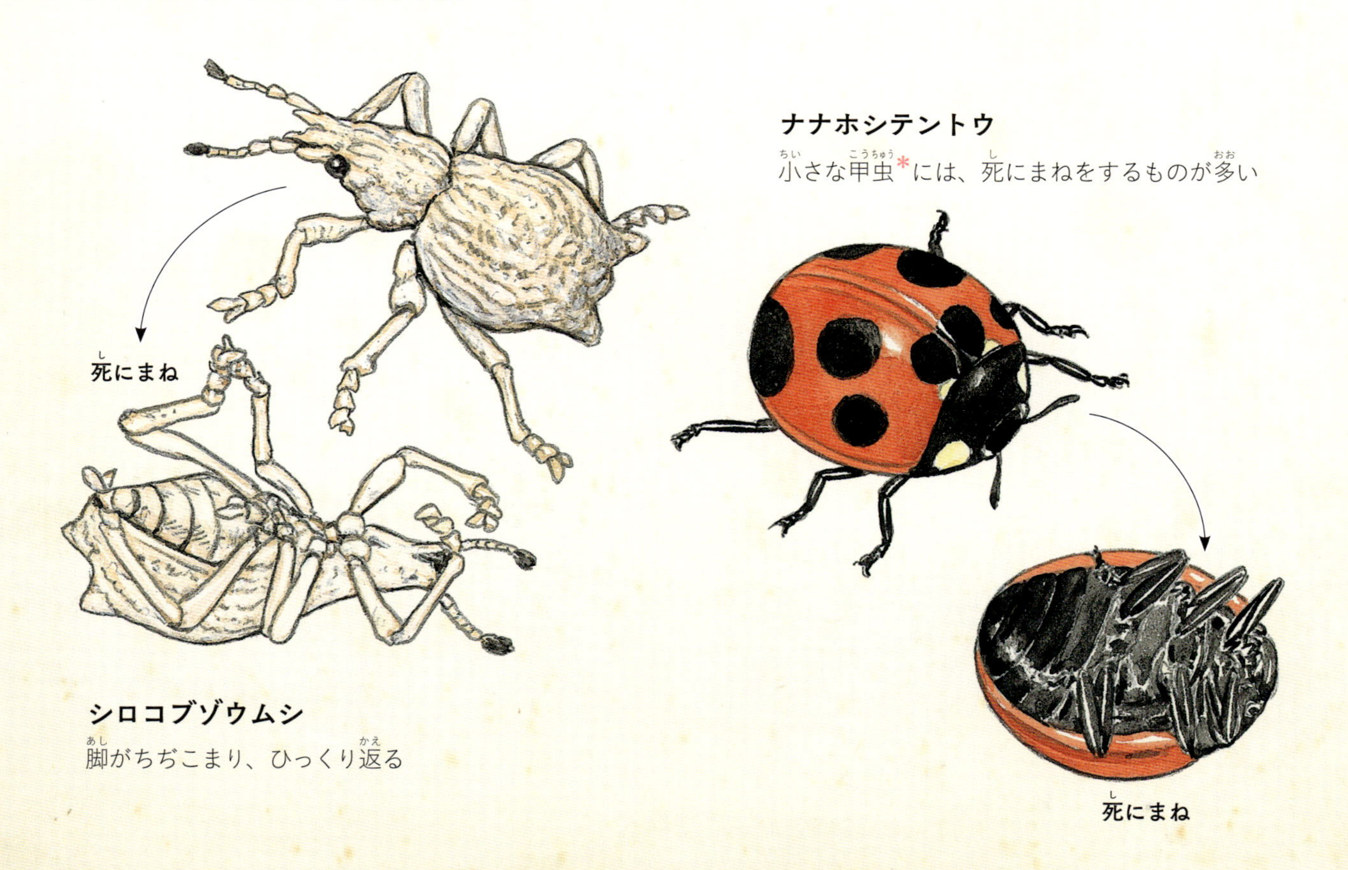

ナナホシテントウ
小さな甲虫*には、死にまねをするものが多い

シロコブゾウムシ
脚がちぢこまり、ひっくり返る

天敵から食べられないようにする

動物のなかには、天敵におそわれたときに、ピクリとも動かなくなるものがいます。この行動を「死にまね」といいます。

病気のもとになるかもしれない死んだエサを天敵がきらうのならば、死にまねは身を守ることに役立ちます。しかし、死体に見せかけることで本当に天敵にきらわれるのかどうかは、まだわかっていません。

死にまねは、動きを手がかりにしてエサを見つける天敵の目をごまかすためや、脚を動かなくすることで今いる場所から落ちてにげるためなど、別の目的のためにおこなわれている可能性もあります。

*甲虫：前のハネがこうらのようにかたくなっている昆虫。飛ぶときに、前のハネの中にしまわれていたうしろのハネを出す

傷ついたふりをする動物たち

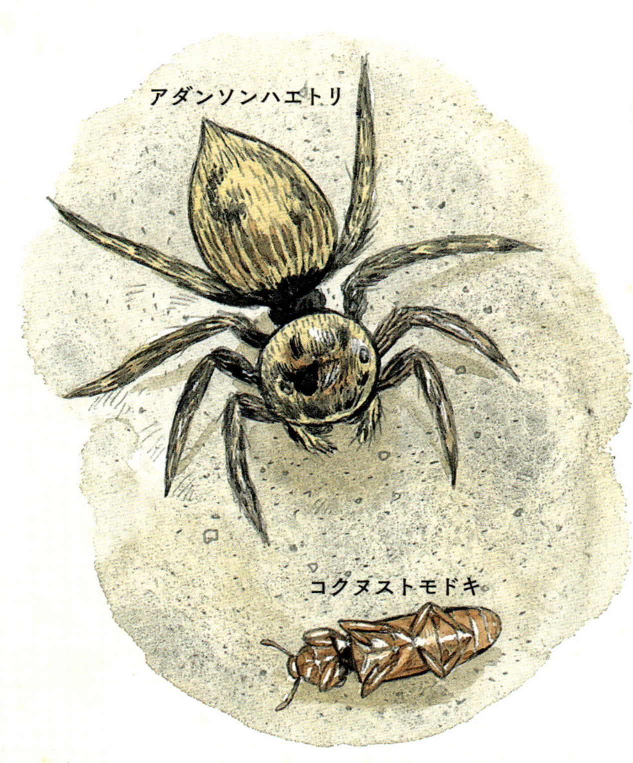

死にまねをするコクヌストモドキ（ゴミムシダマシの一種）と、それを前にしておそいかからないアダンソンハエトリ（ハエトリグモの一種）

ケリの擬傷行動

ヒトが近づくと大きな鳴き声でいかくし、ときにはハネをバタバタと動かし、巣からはなれた方向に歩く擬傷行動にでる

コチドリの擬傷行動

ハネを広げてバタつかせながらヨチヨチと歩き、傷ついたふりをする

ヒナから天敵をひきはなす

天敵の目をごまかす別の方法として、「擬傷」というものがあります。子育て中の鳥の親が、けがをしているつかまえやすいエサのようなふりをして巣から遠ざかることで、弱いヒナから天敵をひきはなす行動です。

また、擬傷のほかにも、別のエサの行動をまねすることで、天敵の目をひきつける鳥も知られています。たとえばムラサキハマシギという鳥が「背を低く、ハネを広げてうしろ足のようにし、ハネを逆立たせて毛のように見せ、ネズミのような動きでにげる」という例が報告されています。

いかく

相手をおどかすような行動をとることで、
身を守る動物もいます。

武器や能力を見せつける

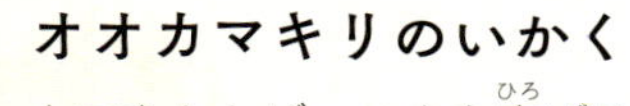

オオカマキリのいかく
カマをかかげ、ハネを広げる

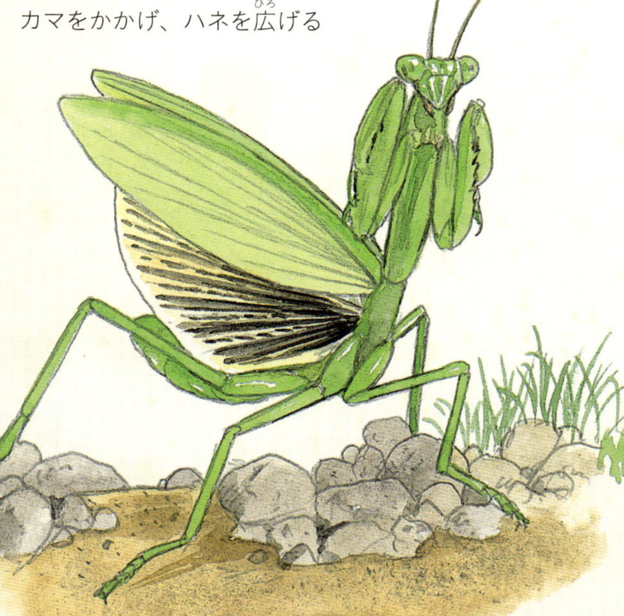

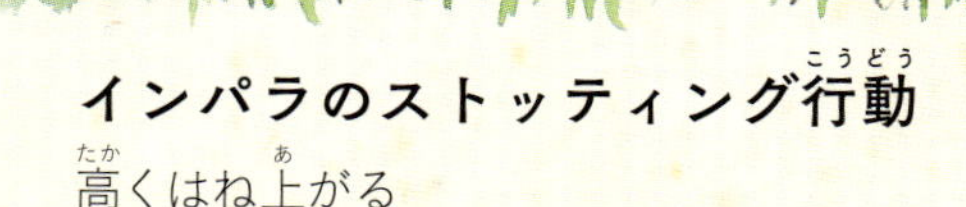

インパラのストッティング行動
高くはね上がる

相手のおそう気持ちをくじく

動物は、危険に出くわしたときに、相手をおどかすような行動をとることがあります。これを「いかく」といいます。

いかくには、自分の武器を見せつけて、反撃されるおそれがあることを天敵にわからせ、おそう気持ちをくじく目的のものがあります。たとえばカマキリは、最大の武器であるカマをかかげ、ハネを広げていかくします。

また、いかくそのものではありませんが、シカやウシの仲間が天敵と出合ったときに高くはねる「ストッティング」という行動も、自分のにげる能力の高さをアピールして、相手のおそう気持ちをくじいているのかもしれません。

目玉もようをもつ動物たち

ヒメウラナミジャノメ

ハネの両面に目玉もようがある

クジャクキリギリス

ハネをひろげると目玉もようがあらわれる

ナミアゲハの幼虫

目玉もようをもつだけでなく、危険を感じると、くさいにおいを出す「肉角」でいかくする

ウラナミシジミ

シジミチョウには、ハネのうしろにでっぱりがある種類がいる。これは、昆虫の触覚に擬態して、目玉もようとともに頭の位置をわからなくさせるものかもしれない

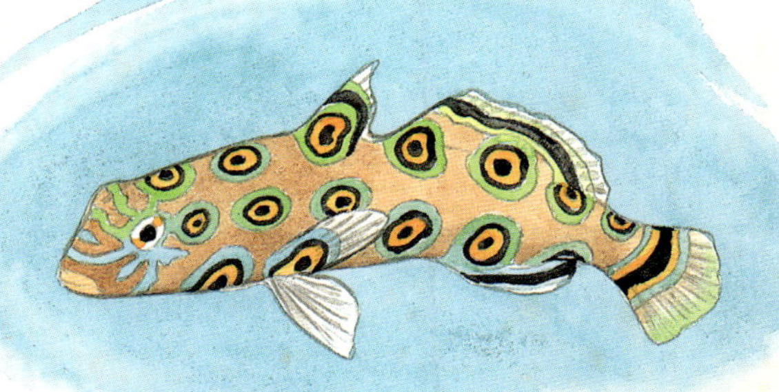

スポッテッドマンダリンフィッシュ

魚にも、目玉もようをもつ種類がいる

目玉もようの理由

いかくのなかには、天敵をびっくりさせるようなものもあります。チョウやガの仲間には、ハネに目玉もようがついている種類がたくさんいます。

目玉もようの理由には、いくつかの説があります。1つは、天敵の鳥が目玉もようをきらうという説です。田んぼにぶら下げているまるいもようがかかれた風船も、鳥よけを期待してのことです。もう1つは、鳥の注意をハネに向けて目玉もようを攻撃させ、腹部などの大事な部分を守っているという説です。

目玉もようは、チョウやガの仲間だけでなく、昆虫をふくむほかの動物にも、しばしば見られます。

身をけずる

一部をぎせいにすることで、
自分や仲間の命を守る動物もいます。

体の一部を切る

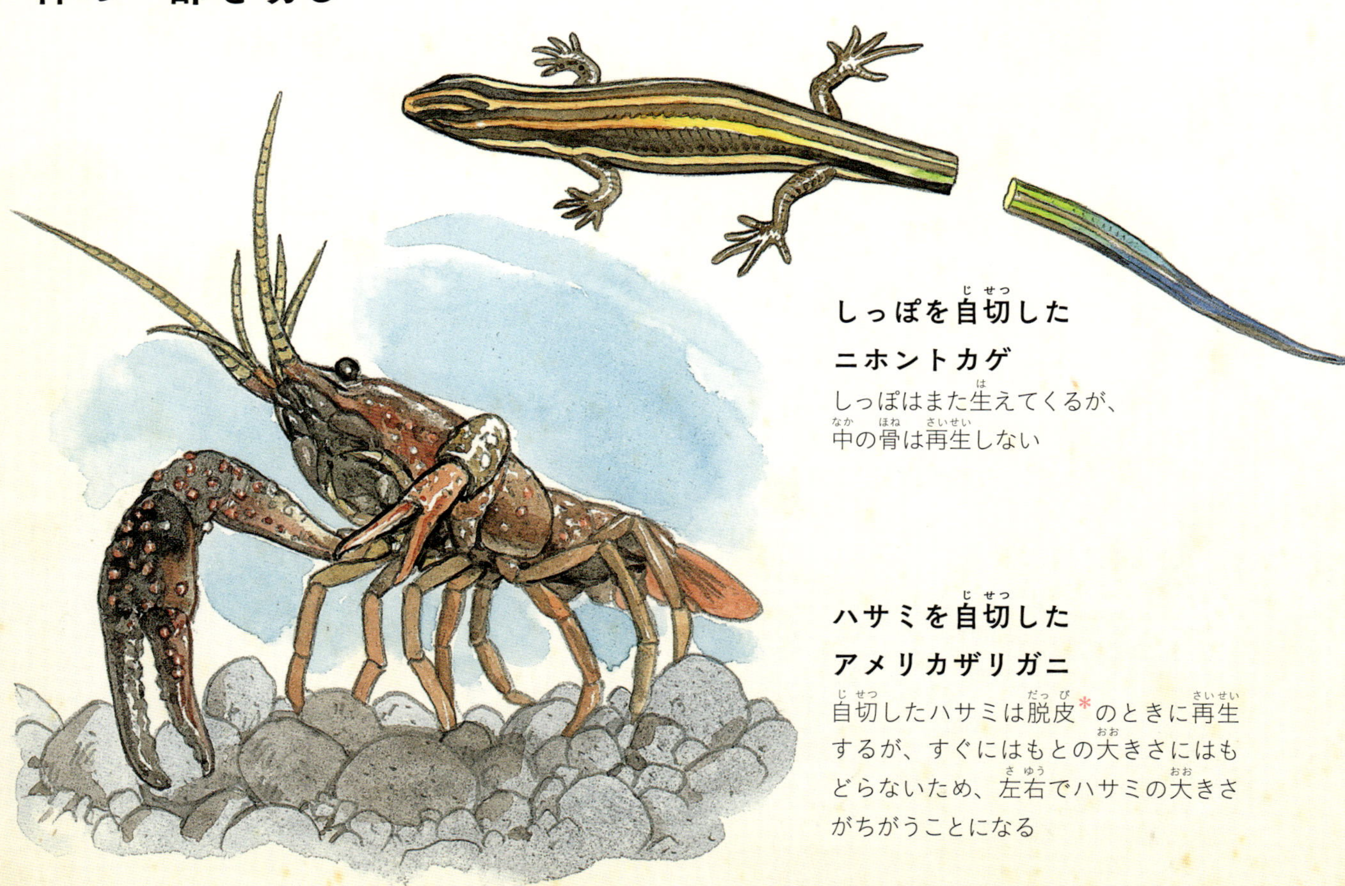

しっぽを自切した
ニホントカゲ
しっぽはまた生えてくるが、
中の骨は再生しない

ハサミを自切した
アメリカザリガニ
自切したハサミは脱皮*のときに再生するが、すぐにはもとの大きさにはもどらないため、左右でハサミの大きさがちがうことになる

体の一部を切ってにげる

「トカゲのしっぽ切り」とは、悪いことがばれたときに、地位の高い人が地位の低い人に自分の罪をかぶせて、自分は助かることです。本当のトカゲも、天敵におそわれたときに、自分でしっぽを切ることがあります。切れたしっぽはピクピクと動きつづけて、天敵の注意を引きつけます。しっぽをぎせいにすることで、トカゲは自分を守ることができるのです。

このように、体の一部を自分で切ることを「自切」といいます。昆虫などのなかには、脚を切るものも知られています。自切する動物のしっぽや脚は、ダメージが小さくなるよう、もともと切れやすいつくりになっています。

*脱皮：骨格やウロコなど、体のかたい表面がはがれて脱ぎ捨てられること

1個体をぎせいにする

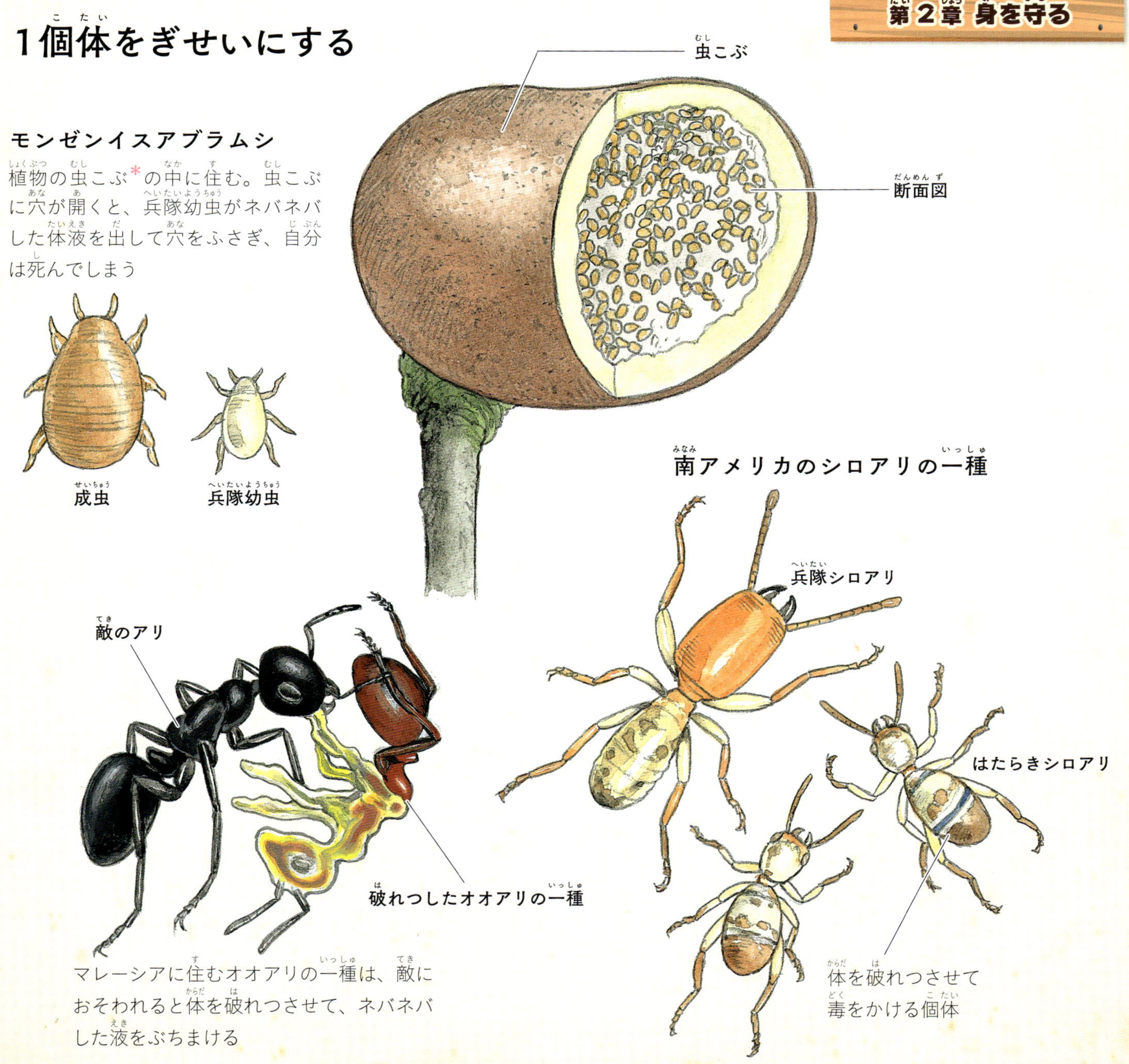

モンゼンイスアブラムシ
植物の虫こぶ*の中に住む。虫こぶに穴が開くと、兵隊幼虫がネバネバした体液を出して穴をふさぎ、自分は死んでしまう

マレーシアに住むオオアリの一種は、敵におそわれると体を破れつさせて、ネバネバした液をぶちまける

体を破れつさせて毒をかける個体

集団を守るためのぎせい

社会をつくってくらす動物では、自分をぎせいにしてほかの個体を守る役割の個体が、集団のなかにいることがあります。種類によっては、自分が死ぬことで天敵と戦うものもいます。たとえば、南アメリカに住むシロアリの一種では、大きなあごを使って敵と戦う兵隊シロアリのほかに、敵が来ると体を破れつさせて、相手に毒をかけるはたらきシロアリがいます。

このような動物の社会は家族からなっているので、自分がぎせいになっても、血のつながっただれかが生き残ります。そのため、このような行動も、自分の遺伝子を残すためには役立っていると考えられています。

* 虫こぶ：昆虫など、ほかの生き物が住みついたことで植物に生じる、こぶのようなかたちをしたもの

エサをあやつる

エサとなる生き物の体内や表面に
取りついてくらす生き物がいます。

クモに寄生するハチ

クモヒメバチは、クモの体の表面に卵を産みつける。ふ化したクモヒメバチの幼虫は、クモの体液を吸って成長する

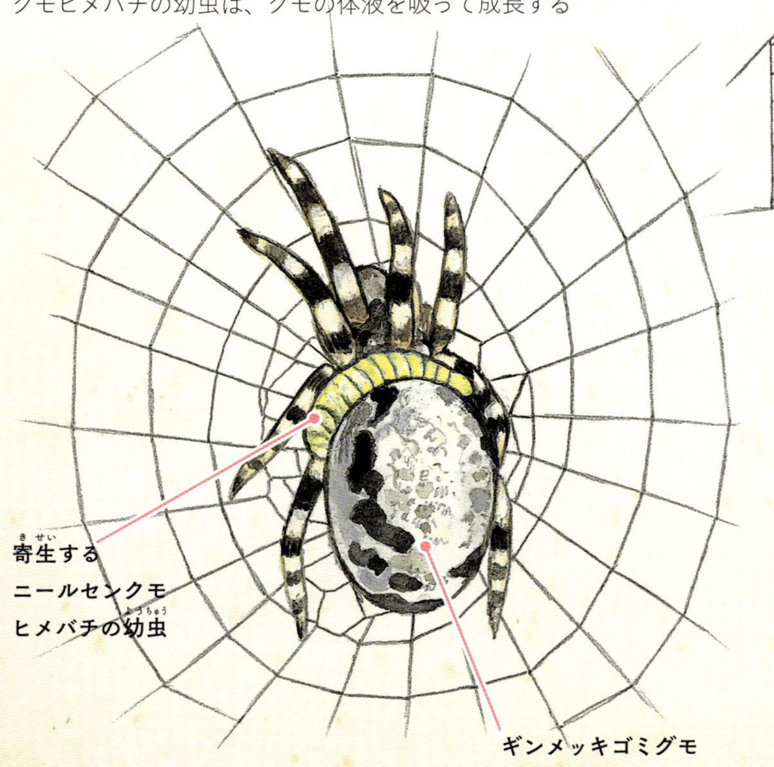

通常のアミ

ニールセンクモヒメバチのさなぎ

あやつられてつくったアミ

成長したクモヒメバチの幼虫は、じょうぶで、鳥などに衝突されないように白く目立つ特別なアミをクモにつくらせてから、クモを食べつくしてさなぎになり、う化*するまでそのアミの上ですごす

エサに取りついてくらす

動物のなかには、ほかの生き物の体内や表面に取りついて、栄養を横取りしながらくらすものがいます。このようなくらし方を「寄生」といい、寄生される生き物のことを「宿主」と呼びます。

寄生してくらす動物のなかには、宿主の動きを、自分たちにつごうがよくなるようにあやつるものがいます。たとえば、カマキリやコオロギなどのおなかの中に住むハリガネムシは、卵を水中に産まなければなりません。そのため、ハリガネムシは宿主をあやつって水辺に移動させ、そこでおなかを食い破って、水の中に入るのです。

＊う化：昆虫が幼虫またはさなぎから成虫になること

チョウの幼虫に寄生するハチ

アオムシコマユバチは、チョウの幼虫に卵を産みつける

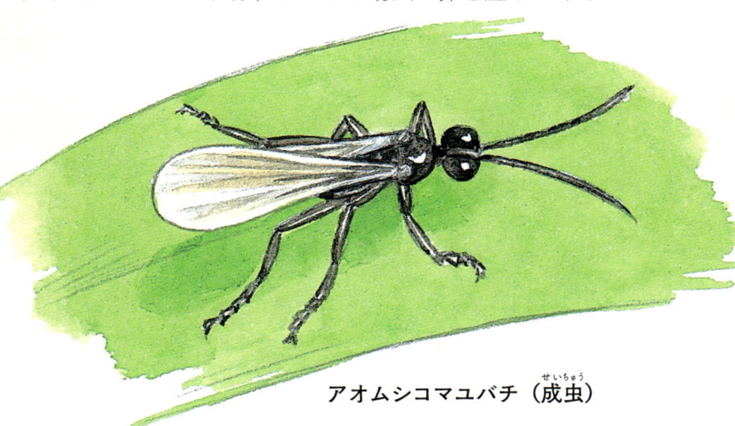

アオムシコマユバチ（成虫）

アオムシコマユバチのまゆをかかえる
モンシロチョウの幼虫

テントウムシに寄生するハチ

成長したテントウハラボソコマユバチの幼虫は、テントウムシの腹部から外に出て、テントウムシのおなかの下でまゆをつくる。テントウムシは、コマユバチがう化するまで、近づいてきたほかの動物をいかくして追いはらう

テントウハラボソコマユバチのまゆをかかえる
ナナホシテントウ

ナナホシテントウに卵を産みつけようとする
テントウハラボソコマユバチ（成虫）

宿主をあやつって身を守る

宿主をあやつることは、身を守ることにも役立ちます。寄生動物は宿主の体に住んでいるので、宿主が自分の身を守ることは、寄生動物にとっても得になります。それだけではなく、成長して宿主の体をはなれたあとでも、宿主によって守られている場合があります。

たとえば、アオムシコマユバチの幼虫に寄生されたモンシロチョウの幼虫は、コマユバチが体外に出てまゆをつくったあともしばらく生きていて、近づく天敵をいかくして、まゆを守ります。これは、宿主にとってはなんの得にもならない行動なので、あやつられているとしか考えようがないのです。

オス・メスの協力

多くの動物では、オスとメスがいっしょになって、親の性質を受けついだ子をつくります。

ウニのオスの放精

ウニのメスの放卵

卵

精子

ウニは卵と精子を海の中に放ち、体外で受精させる。放たれた精子は泳ぎまわって卵を探す。小さな精子は大きな卵と比べてたくさん放出されるが、受精できるのは1個の卵につき1個の精子のみ

多くの子を残すために

生き物にとって、たくさんの子を残すことは大事です。これに失敗すると、地球から自分の遺伝子が消えてしまいかねないからです。

多くの動物では、子を残すために、オスとメスが協力してつがい*行動を取り、精子*と卵*を合体させて、受精*卵をつくります。

ただし、つがい相手がだれでもよいわけではありません。相手を決めるために、動物はいろいろなかたちで、異性に求愛します。求愛を受け入れてもらってはじめて、子づくりに進むことができます。

オスはたくさんの精子をつくることができま

* つがい：動物が繁殖のためにつくる、オスとメス1匹ずつの組み合せ

* 精子・卵・受精：オスとメスが子に血を伝えるためにつくる細胞を精子と卵と呼び、2つが合体することを受精という

スジコウイカの求愛（→p.29）

フジツボの交尾（→p.32）

アメフラシの交尾（→p.32）

すが、メスがつくる卵の数は、ふつう、オスがつくる精子よりはるかに少なくなります。このため、より多く子を残す方法は、オスとメスでちがっています。このことは、オスとメスの体のつくりや見た目、またつがい相手を選ぶときの行動のちがいを生み出す原因となります。

また、つがいであっても、オスとメスは、自分にとってつごうのよい方法を実現しようとおたがいに争っており、ときには相手を傷つける場合もあると考えられています。

第3章では動物たちの、子を残すためのくふうを見ていきましょう。

※ウニ、フジツボ、アメフラシは、潮が引くと水から出てくるような浅い場所でくらし、スジコウイカはそれより深い海に住みます。住むところがちがう動物たちですが、このページではいっしょに描いています。

求愛する

繁殖をおこなうためには、
まず、相手を見つけなければなりません。

タンチョウの求愛ダンス

オス・メスの２羽でたがいに翼を広げ、首をのばし、ジャンプしながら相手の気持ちをたしかめる

繁殖の相手を見つける

求愛とは、異性に対して、繁殖の相手になることを求める行動です。

多くの動物では、求愛をおこなうのはオス・メスのどちらかだけです。これは、ある時点で繁殖に参加できる個体の数がオス・メスでちがっているときに、多くいる方の性別の個体が積極的に求愛しないと、繁殖の相手を見つけられなくなるからだと考えられています。

メスは大きな卵をつくる必要があるため、ひんぱんには繁殖に参加できないことが多く、オスがあまりがちです。そのため、オスが求愛する動物の方が多く見られます。しかし、ふ化するまでオスが卵を守るヨウジウオのように、繁殖のときにオスに大きな労力がかかる動物では、メスが求愛する場合もあります。

グンカンドリのオス

赤いのどを大きくふくらませて求愛する

チゴガニのオス

脚をつっぱって体を高くかかげ、ハサミを大きく上下にふる「ウェービング行動」は、求愛をおこなっている可能性が考えられている

スジコウイカ

オスは体の色を変えたり、足を大きく広げたりして求愛する

グリーンアノールのオス（トカゲの一種）

のどにある大きな袋を広げ、首を上下にふって求愛する

繁殖期

オイカワのオス

地味な見た目のオスが、繁殖期の春から夏にはきれいな色になってアピールする

ピーコックスパイダーのオス（クモの一種）

カラフルな腹部をかかげてアピールする

さまざまな求愛行動

求愛は、動物の種類によってその方法が決まっています。

求愛する動物は、つがい相手に選んでもらうために、あざやかな見た目をしていたり、わかりやすくはっきりと目立つ行動をしたりすることもあります。たとえばカタカケフウチョウのオスは、胸にあざやかな青色のハネをもち、黒い翼をおうぎ状に広げて求愛をします。それに対して、求愛をされるがわのメスは、地味な色をしています。

求愛を受け入れるがわの動物も、求愛するがわと同じように、動物の種類ごとに決まった方法で、受け入れのメッセージを伝えます。たとえばチゴガニのメスは、受け入れたオスの巣穴に入ります。

求愛とおくりもの

つがい相手として選んでもらうために、
エサなどをプレゼントとしてわたす動物がいます。

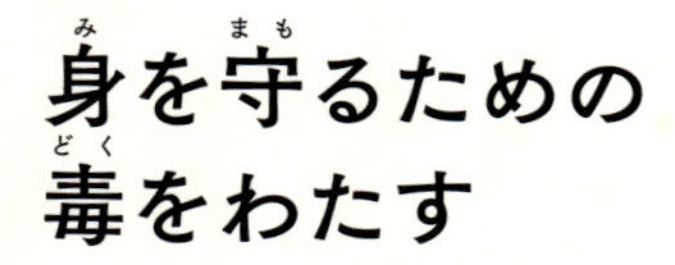

身を守るための毒をわたす

ムツモンベニモンマダラの一種は、植物から手に入れた毒を体にためて身を守る。オスは交尾のときに、自分のもっている毒をメスにプレゼントする

オス　メス

メスがプレゼントをわたす

カタビロアメンボの一種は、オスがメスの背中でくらし、メスの背中から出る栄養のある液体をエサとして受け取る

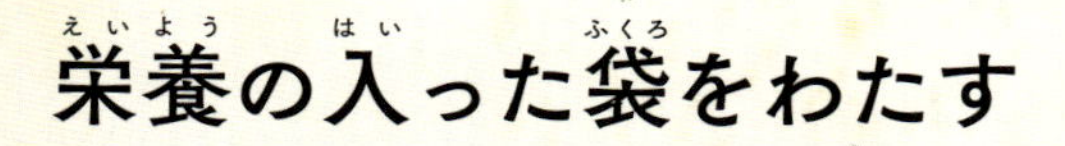

栄養の入った袋をわたす

キリギリスの仲間には、交尾のときに、オスがタンパク質を多くふくんだ袋をメスにわたすものがいる。メスは精子を受け取りながら、袋の中のタンパク質を食べる

オス
メス

相手を選ぶ

求愛されるのがメスである場合、メスは求愛してくる多くのオスのなかから、自分の子の父親になる相手を選びます。このときメスは、自分の子をより多く残せるようなオスを選ぶと考えられています。

求愛のダンスをはっきり目立つようにおこなうことができる活力のあるオスとなら、よわよわしいダンスしかできないオスと繁殖するより、元気な子を残すことができるかもしれません。また、メスが好むようなオスと繁殖してできたオスの子は、やはりメスに好まれやすいため、多くの子孫*を残すことができるかもしれません。

*子孫：ある生物の血を受けついで生まれてきたもの

つかまえたエサをプレゼントする

カワセミやウミネコは、オスがメスにエサの魚をプレゼントし、求愛する

ヤマトシリアゲ

オスがエサをとってきてメスにあたえ、メスが食べている間に交尾する

ヨーロッパキシダグモ

クモでは、オスがメスに食べられることがあるが、メスがプレゼントのエサを食べている間に交尾すれば安全である

プレゼントをもらう

メスによる、子をより多く残せるようなオスの選び方の1つが、プレゼントで選ぶ方法です。オスがエサなどをプレゼントとしてメスにあたえて求愛し、メスは大きなエサをくれるオスとつがいになる、というものです。この行動を「婚姻贈呈」といいます。

大きなエサをプレゼントできるオスは、能力の高いオスだと考えられますし、なにより、エサをたくさん食べることができたメスは、より多くの卵をつくることができるのです。

オス？ メス？

自然界では、オスとメスのちがいは、
はっきりしているとは限りません。

雌雄同体の動物

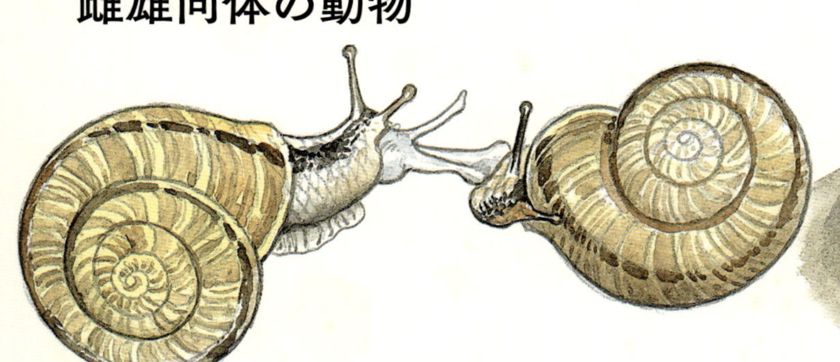

ナミマイマイの交尾

カタツムリには雌雄同体の種類がいる。
交尾のときはおたがいが相手に交尾器を
差しこんで精子をわたす

フジツボの交尾

甲殻類*のフジツボは、成長すると定着した場所から動かなくなる。
精子を送りこむための交尾器がとどく範囲にいる個体としか繁殖できないが、雌雄同体なので、周囲に異性がいなくて困ることはない

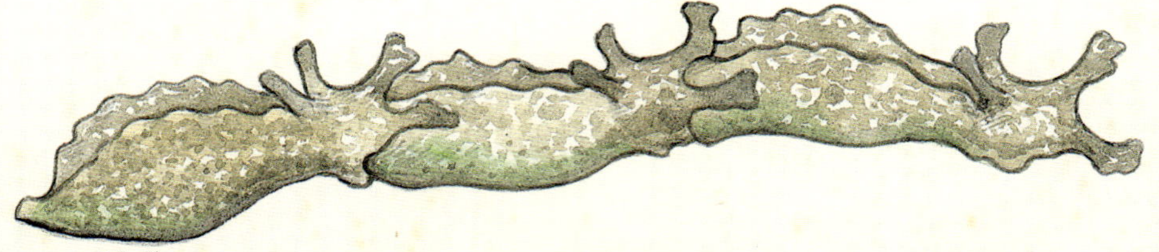

アメフラシの交尾

いくつもの個体が連なって交尾しているところが見られる。1番前の個体はメス、1番うしろの個体はオスとして交尾し、間にいる個体はオスとして前の個体に精子をわたし、メスとしてうしろの個体から精子を受け取る

オスであり メスである動物

動物の世界では、運動能力の高い精子をつくる個体をオス、大きくて栄養をたくさんふくんだ卵をつくる個体をメスといいます。

ところが、精子をつくる能力と卵をつくる能力は、必ずしもどちらか1つしかもてないというものではありません。動物のなかには、1つの個体が同時に精子と卵をつくる種類もいます。このような動物は、1つの個体のなかに、オスの部分とメスの部分が両方あることになります。これを「雌雄同体」と呼びます。

雌雄同体の動物でも、ほとんどの場合、自分の精子で卵を受精させることはなく、ほかの個体と子をつくります。

＊甲殻類：「甲殻」と呼ばれる外骨格で体の表面がおおわれている動物

差出有効期間
平成29年7月
20日まで

（受　　取　　人）
京都市山科区
日ノ岡堤谷町1番地

ミネルヴァ書房
読者アンケート係 行

◆ 以下のアンケートにお答え下さい。

お求めの
書店名＿＿＿＿＿＿＿＿市区町村＿＿＿＿＿＿＿＿＿＿＿＿＿書店

＊ この本をどのようにしてお知りになりましたか？ 以下の中から選び、3つまで○をお付け下さい。

A.広告（　　　）を見て　B.店頭で見て　C.知人･友人の薦め
D.著者ファン　E.図書館で借りて　F.教科書として
G.ミネルヴァ書房図書目録　H.ミネルヴァ通信
I.書評（　　　）をみて　J.講演会など　K.テレビ･ラジオ
L.出版ダイジェスト　M.これから出る本　N.他の本を読んで
O.DM　P.ホームページ（　　　　　　）をみて
Q.書店の案内で　R.その他（　　　　　　　）

書名　お買上の本のタイトルをご記入下さい。

◆上記の本に関するご感想、またはご意見・ご希望などをお書き下さい。
文章を採用させていただいた方には図書カードを贈呈いたします。

◆よく読む分野（ご専門）について、3つまで○をお付け下さい。

1. 哲学・思想　2. 世界史　3. 日本史　4. 政治・法律
5. 経済　6. 経営　7. 心理　8. 教育　9. 保育　10. 社会福祉
11. 社会　12. 自然科学　13. 文学・言語　14. 評論・評伝
15. 児童書　16. 資格・実用　17. その他（　　　　　）

〒
ご住所

Tel　　　（　　　）

ふりがな
お名前　　　年齢　歳　性別　男・女

ご職業・学校名
（所属・専門）

Eメール

性転換する動物

カクレクマノミ

一夫一妻*のクマノミのつがいが残す子の数は、メスが産む卵の数で決まる。体が大きいほど多くの卵をもてるので、群れのなかでもっとも大きな個体がメスになり、2番目に大きな個体がオスになる。メスがいなくなるとオスがメスに変わり、次に大きな個体がオスになる

ホンソメワケベラ

1匹のオスと数匹のメスからなる群れでくらす一夫多妻*の魚。オスは体が小さいと、メスをほかのオスから守ることができないため、小さい個体がメスとなり、群れで1番大きい個体がオスとなる。オスがいなくなると、メスの中で1番大きな個体がオスに変わる

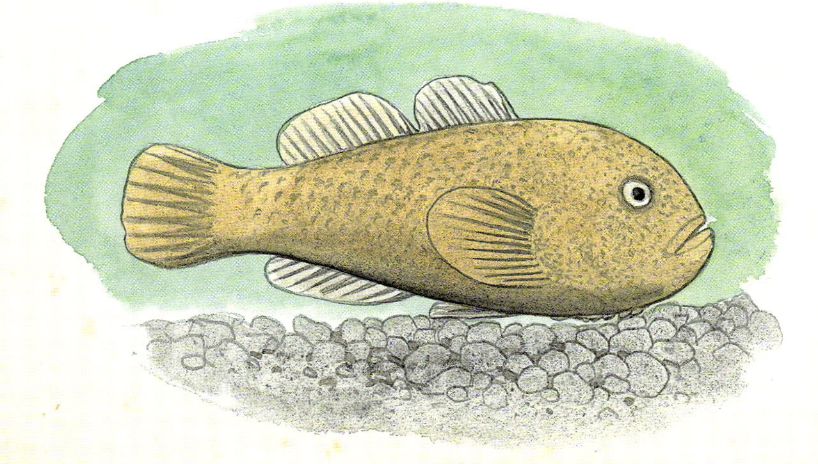

ダルマハゼ

子育ては、オスとメスの大きさが同じくらいだとつごうがよい。ダルマハゼのメスは、オスより早く成長するので、オスどうしがつがいになると体の小さな個体がメスに、メスどうしがつがいになると大きな個体がオスに変わって、体の大きさを同じくらいにしようとする

オスになったりメスになったりする動物

魚のなかには、成長にともなって、精子をつくっていた個体がそれをやめて、卵をつくるようになる種類や、その逆のパターンを示す種類がいます。オスだったものがメスになったり、メスだったものがオスになったりするのです。これを「性転換」といいます。最近は、ダルマハゼのように、オスからメス、メスからオスへと、両方向に変わることができる種類もいることがわかってきました。

自然界を見わたすと、私たちヒトが思っているほど、オスとメスのちがいははっきりしているわけではないことがわかります。

*一夫多妻：1匹のオスが2匹以上のメスとつがいになるもの

*一夫一妻：1匹のオスが1匹のメスとつがいになるもの

オスとメスのかけ引き

オスとメスの間には、
繁殖の主導権をにぎるためのかけ引きが見られます。

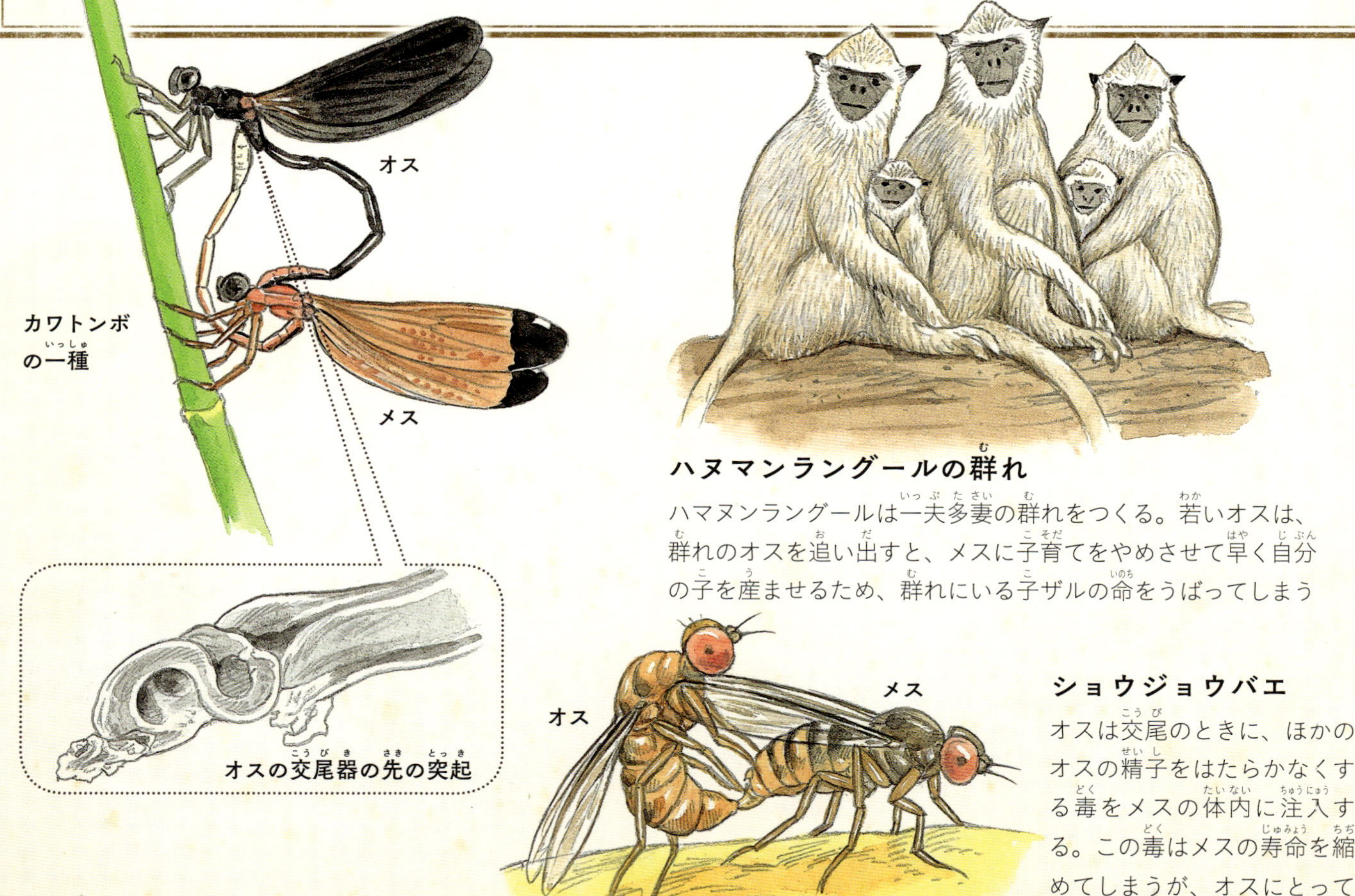

ハヌマンラングールの群れ

ハマヌンラングールは一夫多妻の群れをつくる。若いオスは、群れのオスを追い出すと、メスに子育てをやめさせて早く自分の子を産ませるため、群れにいる子ザルの命をうばってしまう

ショウジョウバエ

オスは交尾のときに、ほかのオスの精子をはたらかなくする毒をメスの体内に注入する。この毒はメスの寿命を縮めてしまうが、オスにとっては得になる

自分の子を残すための戦い

オスとメスでは、子を残すためにつごうのよい方法がちがっています。しかし、繁殖は自分だけでおこなうことはできません。このため、オスまたはメスが、相手に自分のつごうのよい方法をおしつけようとする場合があります。

たとえばトンボのオスは交尾のとき、交尾器の先についている突起を使って、メスの腹部の「受精のう」と呼ばれる器官から、先に交尾をしたほかのオスの精子をかき出し、そのあとで自分の精子をわたします。メスに、自分の遺伝子をもつ子を確実に産ませるためです。

つがいとはいえ、オスとメスの間には、繁殖の主導権をにぎるためのかけ引きが見られるのです。

ガーターヘビ

オスは交尾のあとに、メスの交尾器に分泌物でふたをして、ほかのオスと交尾できないようにする。このような交尾プラグはほ乳類や、昆虫、クモなど多くの動物で見られる。メスが交尾プラグをはずすことのできる種類もいる

ギンメッキゴミグモ

メスは腹部に小さな突起をもっており、交尾のときにオスはこの突起をつかんで正しい姿勢をとる。オスは交尾が終わるとこの突起をちぎって捨ててしまう。突起を失ったメスは、ほかのオスと交尾しようとしても失敗する

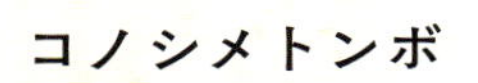

オス

メス

コノシメトンボ

交尾したあとも、オスが尾部の先の付属器でメスの頭のうしろをつかんでつながったまま飛び、産卵するまでほかのオスが近づいてこないよう守る

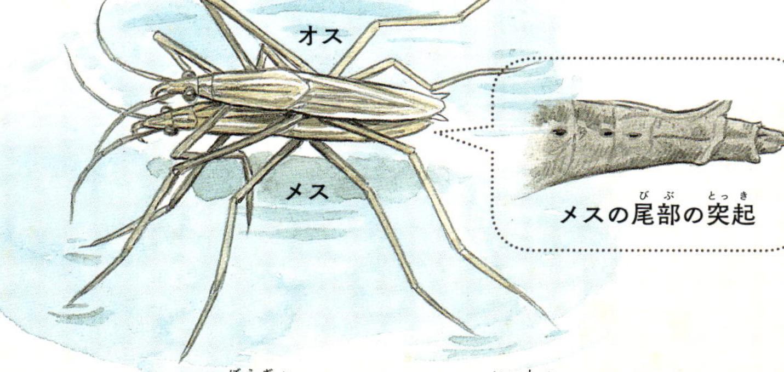

メスによる防御（アメンボの一種）

オスは何度もメスと交尾しようとするが、メスはそれをきらう。そのためアメンボの一種のメスの尾部には、交尾のときにオスがメスをつかみにくくなるような突起がある

オスとメスそれぞれのつごう

このようなオスとメスの争いがとくにはっきりあらわれるのが、メスが複数のオスと交尾することができる場合です。

メスにとって、複数のオスと交尾することは、よりよいオスを自分の子の父親にすることができたり、いろいろな性質をもった子を産むことができたりするので得になります。しかしこのことは、メスが必ず自分の子を産んでくれるのではないことを意味するため、オスにとってはつごうが悪いのです。

そのため、オスは自分が交尾したメスがほかのオスの子を産まないように、さまざまな方法でじゃまをし、一方で、メスはオスのじゃまをかいくぐろうとすることが、いろいろな動物で知られています。

いろいろな子育て行動

子育てには多くの労力と時間がかかりますが、
子を生き残らせるうえでは大きなメリットとなります。

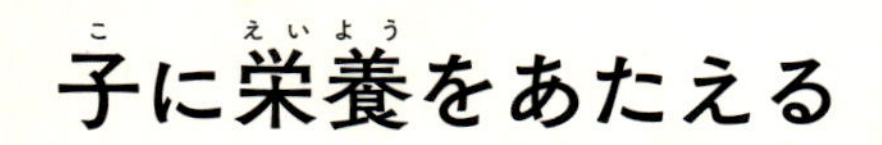

子に栄養をあたえる

ネコ
数匹の子に同時に授乳するため、乳首がいくつもある

ロックワラビー
オーストラリアに住む有袋類は、おなかの袋に子を入れ、授乳も袋の中でおこなう

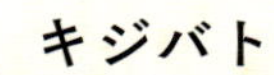

キジバト
のどの奥から栄養豊富な「ピジョンミルク」を出してヒナにあたえる。ピジョンミルクはオスもメスも出す

ディスカス
オスもメスも、皮ふから「ディスカスミルク」と呼ばれる粘液を出して子にあたえる

子を生き残らせる

子を産むことができたら、次は子育てです。子育てには、卵や子を天敵から守る、成長するための環境を整える、食べ物をあたえるなど、はば広い行動があり、生き残る子の数が増える、子が早く成長するなどのメリットがあります。ただし、子育てには労力と時間がかかるので、場合によっては子育てをおこなわず、すぐに次の子を産んだ方がよいこともあります。

栄養をたくさんふくんだ大きな卵を産むことや、ほ乳類のように、親の体のなかで子を大きくしてから、外の世界に産みだすことも、子育ての一種だといってよいでしょう。この２つはメスにしかできない子育ての方法ですが、オスがほかの方法で子育てに加わる動物は、私たちヒトもふくめてたくさんいます。

子を天敵から守る

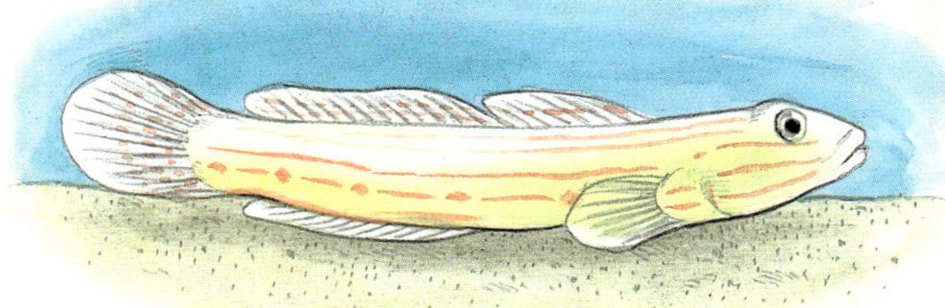

サザナミハゼ

巣穴にメスが産んだ卵をオスが保護する。酸素が足りなくなってくると、エラであおいで新鮮な水を卵に送る

コオイムシ

オスが卵を背負って保護する

コモリガエルのメス

産んだ卵を自分の背中にうめこませる。卵は背中にうめこまれたままオタマジャクシになり、カエルまで成長する

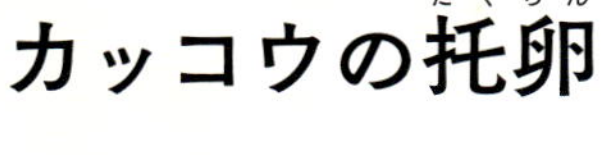

カッコウの托卵

カッコウの成鳥

カッコウのヒナは、托卵先のヒナより先にふ化する。子育てを独占するために、まだ目も見えないうちからほかの卵を背中に乗せて、巣から落としてしまう

オオヨシキリの巣

カッコウの卵

オオヨシキリからエサをもらうカッコウのヒナ

ほかの動物に育てさせる

子育てをほかの動物にまかせてしまえば、労力をかけずに、子育てのメリットだけ手に入れることができます。鳥や魚のなかには、ほかの種類の動物が子育てしているところに卵を産みつけて自分の子を育てさせる「托卵」という行動をする種類がいます。たとえばカッコウは、モズやオオヨシキリなどの鳥の巣に卵を産みつけ、カッコウの子を育てさせます。

托卵された動物は、子育ての労力を横取りされ、さらに托卵されて生まれた子に自分の子の命をうばわれてしまうこともあります。しかし、自分の子と托卵されて生まれた子の区別ができなく、托卵を受け入れてしまうのです。

さくいん

な行

は行

ま行

や行

ら行

わ行

※赤文字の用語は、赤数字のページに
＊で説明を補っています。

著者

中田 兼介（なかた けんすけ）

1967年大阪府生まれ。京都大学大学院理学研究科修了、博士（理学）。日本学術振興会特別研究員、長崎総合科学大学講師、東京経済大学准教授などを経て、現在、京都女子大学現代社会学部教授、日本動物行動学会所属。専門は動物行動学、生態学。

イラスト（p.8～15、p.18～25、p.28～37、うしろ見返し）

角 愼作（すみ しんさく）

1956年岡山県生まれ。大阪芸術大学中退後、土木設計事務所勤務を経て、フリーイラストレーターとなる。水彩、鉛筆、ペン、油絵などで、手描きタッチをいかしたイラストを制作。

イラスト（p.3、p.6～7、p.16～17、p.26～27、前見返し）

関上 絵美（せきがみ えみ）

東京都在住。立教大学卒業。リアルイラストからキャラクターまで幅広い作風をもち、各種雑誌・書籍・広告・パッケージなど多方面にわたってイラストの制作を手がけている。二科展イラスト部門受賞歴あり。

企画・編集・デザイン

ジーグレイプ株式会社

この本の情報は、2016年9月現在のものです。

びっくり！ おどろき！ 動物まるごと大図鑑

③動物のふしぎな行動

2016年11月10日 初版第1刷発行 〈検印省略〉

定価はカバーに
表示しています

著　者　中田兼介
発行者　杉田啓三
印刷者　田中雅博

発行所 株式会社 ミネルヴァ書房

607-8494 京都市山科区日ノ岡堤谷町1
電話 075-581-5191／振替 01020-0-8076

印刷・製本 創栄図書印刷

ISBN978-4-623-07810-3
NDC480/40P/27cm
Printed in Japan